Kai-Hendrik Fabian Oettinger

Prüfungsvorbereitung mit Hogwarts Statistik-Aufgaben. Induktive Übungsaufgaben mit Lösungen

GRIN Verlag

Bibliografische Information der Deutschen Nationalbibliothek:

Die Deutsche Bibliothek verzeichnet diese Publikation in der Deutschen National-
bibliografie; detaillierte bibliografische Daten sind im Internet über http://dnb.d-
nb.de/ abrufbar.

Impressum:

Copyright © 2015 GRIN Verlag GmbH
Druck und Bindung: Books on Demand GmbH, Norderstedt Germany
ISBN: 978-3-656-92020-5

Dieses Buch bei GRIN:

http://www.grin.com/de/e-book/294362/pruefungsvorbereitung-mit-hogwarts-sta-
tistik-aufgaben-induktive-uebungsaufgaben

GRIN - Your knowledge has value

Der GRIN Verlag publiziert seit 1998 wissenschaftliche Arbeiten von Studenten, Hochschullehrern und anderen Akademikern als eBook und gedrucktes Buch. Die Verlagswebsite www.grin.com ist die ideale Plattform zur Veröffentlichung von Hausarbeiten, Abschlussarbeiten, wissenschaftlichen Aufsätzen, Dissertationen und Fachbüchern.

Hogwarts-Aufgaben
Induktiver Teil – Aufgaben

1. Stochastische Zauberer 3

2. Dumbledore's geheime Leidenschaft.. 4

3. Zaubertränke 4

4. Bestrafungsmaßnahmen 5

5. Verzweifelte Zauberer.. 5

6. Geschmackserlebnis.. 6

7. Spendable Weasley's.. 6

8. Eulenboten.. 7

9. Dicke Pflanzen... 7

10. Naturtalente?... 7

11. Flinke Sucher... 8

12. Da hilft auch die Zauberei nicht 8

13. Unentschlossene Schüler... 9

14. Betrüger? 9

15. Da hilft auch die Zauberei nicht 2 10

16. Parselmund 10

1. Lösung - Stochastische Zauberer (Thema: Kombinatorik)....................11

2. Lösung - Dumbledore's geheime Leidenschaft (Thema: Wahrscheinlichkeiten)...12

3. Lösung - Zaubertränke (Thema: stetige Gleichverteilung) 13

4. Lösung - Bestrafungsmaßnahmen – (Thema: diskrete Gleichverteilung) 15

5. Lösung - Verzweifelte Zauberer – (Thema: Gleichverteilung) 16

6. Lösung - Geschmackserlebnis (Thema: Hypergeometrische Verteilung).............18

7. Lösung - Spendable Weasley's (Thema: Binomialverteilung)....................19

8. Lösung - Eulenboten (Thema: Poisson-Verteilung)..............................20

9. Lösung - Dicke Pflanzen (Thema: Normalverteilung)............................21

10. Lösung - Naturtalente? (Thema: Konfidenzintervall des Anteils)...............23

11. Lösung - Flinke Sucher (Thema: Konfidenzintervall des Erwartungswertes) 24

12. Lösung - Da hilft auch die Zauberei nicht (Thema: Konfidenzintervall des Erwartungswertes)..25

13. Lösung - Unentschlossene Schüler (Thema: Erwartungswerttest) 26

14. Lösung - Betrüger? (Thema: Anteilstest) 27

15. Lösung - Da hilft auch die Zauberei nicht 2 (Thema: Anpassungstest) 28

16. Lösung - Parselmund (Thema: Unabhängigkeitstest) 29

1. Stochastische Zauberer

Ron gilt als der Experte für Stochastik in Hogwarts (neben seiner Begabung zum Zauberschach). Deshalb hatte Ron die Geschäftsidee: er nimmt jegliche stochastische Aufgaben an und bekommt dafür Schokofrösche von seinen Freunden.

a) *Wie viele Möglichkeiten hat Neville, wenn er aus einer Kiste mit insgesamt 50 verschiedenen Schokofrosch-Verpackungen 3 zufällig herausnimmt?*

b) *Draco hat die Möglichkeit sich seinen Haargel-Vorrat für das kommende Schuljahr zusammenzustellen. Er kann insgesamt 6 Tuben mitnehmen und kann sich zwischen den Herstellern „Zaubererkopf", „MagicLook" und „BlondeStyle" entscheiden. Wie viele Möglichkeiten hat er, seine sechs Tuben zusammenzustellen?*

c) *Bei einer Besenflugstunde gab es die Aufgabe ein Rennen zu bestreiten. Einige Schüler, die nicht fliegen wollten, haben auf den 1., 2. und 3. Platz gewettet. Wie viele Möglichkeiten gibt es, die Wetten zu platzieren, wenn insgesamt 9 Schüler um die Wette geflogen sind?*

2. Dumbledore's geheime Leidenschaft

Als Prof. Dumbledore im ersten Schuljahr die Zuteilung der Schüler, durchgeführt von dem sprechenden Hut, in die vier verschiedenen Häuser betrachtet hat, erstellte er eine tabellarische Übersicht und widmete sich mit großer Leidenschaft der Stochastik. Dabei wurden insgesamt 190 Schüler auf die beiden Häuser Gryffindor und Slytherin verteilt.

	Gryffindor	Slytherin	
Männlich		52	
Weiblich			93
		80	

a) Ermitteln Sie die Wahrscheinlichkeit, dass eine Person weiblich ist.
b) Wie hoch ist die Wahrscheinlichkeit, dass eine Person in das Haus „Slytherin" geschickt wird?
c) Ermitteln Sie die Wahrscheinlichkeit, dass eine Person männlich ist und nach Gryffindor geschickt wird.
d) Wie lautet die Wahrscheinlichkeit, dass eine Person weiblich ist oder nach Gryffindor geschickt wird.
e) Wie hoch ist die Wahrscheinlichkeit, dass ein Schüler nach Slytherin kommt wenn man weiß, dass er männlich ist?
f) Bestimmen Sie, ob die Merkmale „weiblich" und „nach Gryffindor kommen" unabhängig sind.

3. Zaubertränke

Die Menge an Litern von Zaubertrank, die Hermine während des Unterrichts „Zaubertränke" bei Prof. Slughorn zubereitet, ist gleichverteilt in dem Intervall 1,5 bis 5,5 Liter.

a) Geben Sie bitte die Verteilungsfunktion an.
b) Geben Sie bitte in formaler Schreibweise die Dichtefunktion an.
c) Stellen Sie Dichte- und Verteilungsfunktion graphisch dar.
d) Bestimmen Sie den Erwartungswert, sowie die Varianz.

4. Bestrafungsmaßnahmen

Die Anzahl an Schlägen auf den Hinterkopf mit einem Lehrbuch, die Prof. Snape während einer Stillarbeitsphase an Ron und Harry verteilt, ist gleichverteilt in dem Intervall 1 bis 4.

a) Geben Sie den Wertebereich an.
b) Wie lautet die Wahrscheinlichkeitsverteilung?
c) Bestimmen Sie Erwartungswert und Varianz.
d) Wie groß ist die Wahrscheinlichkeit für 2 Schläge auf den Hinterkopf?

5. Verzweifelte Zauberer

Die Wahrscheinlichkeit, wie viele Liebestränke ein Zauberer/eine Hexe pro Jahr benutzt, um die Sinne eines anderen zu benebeln, wird durch die folgende Dichtefunktion beschrieben:

$$f(x) = \begin{cases} \dfrac{1}{2}x - 1 \; f\ddot{u}r \; 2 \leq x \leq 4 \\ 0 \; sonst \end{cases}$$

a) Zeichnen Sie die Funktion.
b) Zeichnen/Markieren Sie zusätzlich farbig: $P(x \leq 3)$.
c) Berechnen Sie $P(x \leq 3)$. (Integration ist hier nicht notwendig)

6. Geschmackserlebnis

Eine durchaus bekannte und beliebte Süßigkeit bei Zauberern und Hexen sind „Bertie Botts Bohnen in sämtlichen Geschmacksrichtungen". Harry und Ron lieben es ein gewisses Risiko einzugehen: Es gibt eine spezielle Ausgabe des Herstellers, in der es nur drei verschiedene Geschmacksrichtungen gibt: Vanillepudding, Kokosnuss und Erbrochenes. Ron hat sich beim Süßigkeiten-Wagen eine Packung gekauft, welche die drei Sorten in folgenden Mengenverhältnissen enthält: Vanillepudding – 10 Stück, Kokosnuss – 5 Stück, Erbrochenes – 10 Stück. Ron gönnt sich nach und nach eine Bohne aus der Packung und isst diese auf.

a) *Wie hoch ist die Wahrscheinlichkeit, dass Ron bei 5 verspeisten Bohnen 4 mit Vanillepudding gekostet hat?*

b) *Wie groß ist die Wahrscheinlichkeit, dass Ron bei der fünften Bohne zum ersten Mal den Geschmack von Erbrochenem ertragen musste?*

c) *Wie groß ist die Wahrscheinlichkeit bei 5 gegessenen Bohnen maximal 2 mit dem Geschmack des Vanillepuddings zu erwischen?*

d) *Bestimmen Sie Erwartungswert und Varianz in Bezug auf die Wahrscheinlichkeit bei 2-maligem Ziehen Bohnen mit Erbrochenem zu ziehen.*

7. Spendable Weasley's

Im Laden von Fred und George Weasley gibt es heute eine besondere Aktion: Jede Person, die den Laden betritt, darf vorne am Eingang ein besonderes Accessoire aus einer Urne ziehen und es behalten. Es gibt insgesamt zwei verschiedene Sachen zu gewinnen: eine Packung Langziehohren oder einen Juxzauberstab. Da Fred und George sich ebenfalls über eine gerechte Chancenverteilung Gedanken machen, haben Sie mehrere Kobolde eingestellt, die immer, wenn ein bestimmtes Accessoire gezogen wurde, sofort wieder ein neues in die Urne packen, sodass das Verhältnis beider Produkte immer gleich ist: Insgesamt befinden sich 45 Juxzauberstäbe und 90 Langziehohren in der Urne.

a) *Wie hoch ist die Wahrscheinlichkeit, dass unter 10 gezogenen Accessoires 8 Juxzauberstäbe sind?*

b) *Wie groß ist die Wahrscheinlichkeit dafür, dass bei der 4. Person, die den Laden betritt, das erste Mal ein Langziehohr gezogen wird?*

c) *Bestimmten Sie die Wahrscheinlichkeit für mindesten 3 Juxzauberstäbe bei 5 gezogenen Accessoires.*

8. Eulenboten

Pro Tag kommen im Schnitt 7 Eulen in Hogwarts mit Post für Zauberer an und übergeben Letzteren diese in der großen Halle.

a) *Wie groß ist die Wahrscheinlichkeit dafür, dass nur 5 Eulen ankommen?*
b) *Wie groß ist die Wahrscheinlichkeit dafür, dass mindestens 4 Eulen ankommen?*
c) *Bestimmten Sie die Wahrscheinlichkeit dafür, dass maximal 3 Eulen ankommen.*

9. Dicke Pflanzen

Das Gewicht von Alraunen (magische Pflanzen), die Prof. Sprout züchtet, ist angehend normalverteilt mit einem Erwartungswert von 4000 Gramm bei einer Standardabweichung von 1200 Gramm.

a) *Stellen Sie diese Verteilung bitte graphisch dar.*
b) *Wie groß ist der Anteil der Pflanzen, die maximal 3 Kilogramm wiegen?*
c) *Bilden Sie ein symmetrisches Intervall von 90% um den Mittelwert.*
d) *Wie groß ist der Anteil der Alraunen, dessen Gewicht sich zwischen 3,2 und 4,6 Kilogramm befindet?*
e) *Wie muss die Standardabweichung verändert werden und welchen Wert darf sie nicht übersteigen, wenn nun 30% der Pflanzen weniger als 3 Kilogramm wiegen sollen?*

10. Naturtalente?

Nicht jeder Zauberer hat es so leicht wie Hermine und kann einen Zauber sofort beim ersten Mal richtig praktizieren. Im Kurs „Verwandlung" von Prof. McGonagall sitzen insgesamt 40 Schüler von denen 12 beim ersten Versuch einen erfolgreichen Zauberspruch aufsagen konnten, sodass der gewünschte Effekt eintrat.

a) *In welchem Intervall liegt mit einer Irrtumswahrscheinlichkeit von 8% der Anteil der Schüler, die beim ersten Versuch einen erfolgreichen Zauberspruch aufsagen konnten?*
b) *Das Intervall bei a) scheint etwas zu groß und ungenau. Wie muss die Stichprobe verändert werden, damit man auf ein Konfidenzintervall von [0,26;0,34] kommt?*
c) *Erläutern Sie die Aussage eines Konfidenzintervalls für eine binomial verteilte Zufallsvariable.*

11. Flinke Sucher

Beim Quidditch ist der Sucher einer Mannschaft dafür zuständig den goldenen Schnatz zu fangen und so 150 Punkte für sein Team zu erzielen. In 22 Spielen wurde der goldene Schnatz durchschnittlich nach 36 Minuten, bei einer Standardabweichung von 6,5 Minuten, gefangen. Man kann davon ausgehen, dass die Dauer für das Fangen des Schnatzes normalverteilt ist.

a) In welchem Intervall liegt mit einem Konfidenzniveau von 80% der Mittelwert für die durchschnittliche Dauer zum Fangen des Schnatzes?

b) Wie verändert sich das Intervall bei einer Irrtumswahrscheinlichkeit von 10%?

c) Erläutern Sie die inhaltliche Aussage der Irrtumswahrscheinlichkeit von 10%.

d) Erläutern Sie bitte ebenfalls die inhaltliche Aussage des Konfidenzniveaus von 90%.

12. Da hilft auch die Zauberei nicht

Die Kehrseite der Medaille beim Quidditch ist leider die hohe Anzahl von Verletzten, die Madam Pomfrey alle fürsorglich im Krankenflügel pflegt. Sie hat über die Jahre hinweg folgende Statistik erstellt: Durchschnittlich zogen sich in insgesamt 98 Spielen 4 Spieler pro Partie eine Verletzung zu. Die Standardabweichung lag hierbei bei 1,5. Außerdem ist ihr die Standardabweichung der Verletzten aller Quidditch-Spiele mit 3,8 bekannt.

a) In welchem Intervall liegt der Mittelwert der verletzten Spieler pro Partie bei einer Irrtumswahrscheinlichkeit von 5%?

b) Wie muss die Stichprobenlänge verändert werden, damit man ein Intervall von [3,5;4,5] erreichen kann?

13. Unentschlossene Schüler

Wenn ein Zauberer/eine Hexe den Laden von Mr. Ollivander betritt braucht er/sie im Durchschnitt 6,78 Minuten bis der richtige Zauberstab gefunden wurde. Dieses Schuljahr haben insgesamt 173 Schüler bei Mr. Ollivander gekauft und diese haben im Durchschnitt 8,3 Minuten, bei einer Standardabweichung von 1,65 Minuten, gebraucht um sich für das richtige Modell zu entscheiden. Die Zeit, bis ein Schüler sich (endlich) entscheidet, sei normalverteilt.

> a) *Testen Sie auf ein Signifikanzniveau von 4%, ob die Zauberer in diesem Schuljahr länger brauchten um sich den richtigen Zauberstab auszusuchen.*

14. Betrüger?

Laut der Beschreibung auf der Verpackung des Produktes „Liebestrank", den man bei „Weasley's Zauberhafte Zauberscherze" erwerben kann, schlägt der Trank bei 95% aller Zauberer/Hexen an was bedeutet, dass diese sich sofort in denjenigen verlieben, der ihnen den Trank verabreicht. Im sechsten Schuljahr haben einige Schüler/Schülerinnen den Trank verabreicht bekommen und es wurde festgestellt, dass er insgesamt bei 184 von 200 Personen die gewünschte Wirkung verursachte.

> a) *Testen Sie auf einem Signifikanzniveau von 4%, ob die Angabe auf der Packung des Liebestrankes nicht der Wahrheit entspricht.*

15. Da hilft auch die Zauberei nicht 2

Die schon erwähnte Verletztenmisere macht Madam Pomfrey immer noch schwer zu schaffen. Sie hat zusätzlich zu ihren sonstigen statistischen Erhebungen eine weitere durchgeführt, welche das Vorkommen von Verletzungen beim Quidditch in den verschiedenen Monaten betrachtet (über einen Zeitraum von 11 Jahren).

Monat	März	April	Mai	Juni	Juli
Anzahl der Verletzten	54	43	49	62	57

a) *Testen Sie auf einem Signifikanzniveau von 5%, ob die Verteilung der Verletzten beim Quidditch zu einer diskreten Gleichverteilung passt.*

16. Parselmund

Salazar Slytherin, einer der vier Gründer von Hogwarts, war dafür bekannt ein Parselmund zu sein was bedeutet, dass er die Fähigkeit besaß mit Schlangen zu sprechen. Einige wenige Zauberer/Hexen, die im Laufe der Zeit nach Hogwarts kamen und in die vier Häuser (Gryffindor,Slytherin,Hufflepuff,Ravenclaw) geschickt wurden, besaßen auch diese außergewöhnliche und seltene Fähigkeit.

	Parsel	kein Parsel
nach Slytherin geschickt	18	382
nicht nach Slytherin geschickt	5	1616

a) *Testen Sie auf einem Signifikanzniveau von 0,1%, ob die Merkmale „Slytherin" und „Parsel sprechen" unabhängig sind.*

Hogwarts-Aufgaben
Induktiver Teil – Lösungen

1. Lösung – Stochastische Zauberer (Thema: Kombinatorik)

a) Ziehen ohne Zurücklegen und ohne Berücksichtigung der Reihenfolge

$$\binom{50}{3} = 19.600$$

b) Ziehen mit Zurücklegen und ohne Berücksichtigung der Reihenfolge

$$\binom{6 + 3 - 1}{3} = 56$$

c) Ziehen ohne Zurücklegen und mit Berücksichtigung der Reihenfolge

$$\frac{9!}{9 - 3} = 504$$

2. Lösung – Dumbledore's geheime Leidenschaft (Thema: Wahrscheinlichkeiten)

	G	S	
M	45 0,2368	52 0,2737	97 0,5105
W	65 0,3421	28 0,1474	93 0,4895
	110 0,5789	80 0,4211	190 1

a) $P(W) = 48,95\%$

b) $P(S) = 42,11\%$

c) $P(M \cap G) = 23,68\%$

d) $P(W \cup G) = P(W) + P(G) - P(W \cap G)$
$P(W \cup G) = 0,4895 + 0,5789 - 0,3421$
$P(W \cup G) = 0,7263 \rightarrow 72,63\%$

e) „wenn man weiß…" = Bedingung
$$P(S|M) = \frac{P(S \cap M)}{P(M)} = \frac{0,2737}{0,5105} = 0,5361 \rightarrow 53,61\%$$

f) $P(W \cap G) \neq P(W) \cdot P(G)$
$0,3421 \neq 0,4895 \cdot 0,5789$
$0,3421 \neq 0,2834$

→ Die Merkmale „weiblich" und „nach Gryffindor kommen" sind nicht unabhängig (also abhängig).

3. Lösung – Zaubertränke (Thema: stetige Gleichverteilung)

a) $F(x) = \frac{x-a}{b-a}$ für $a \leq x \leq b$

$a \leq x \leq b \rightarrow 1{,}5 \leq x \leq 5{,}5$

$F(x) = \frac{x - 1{,}5}{4}$ für $1{,}5 \leq x \leq 5{,}5$

formale Schreibweise:

$$F(x) = \begin{cases} 0 \; f\ddot{u}r \; x < 1{,}5 \\ \dfrac{x - 1{,}5}{4} \; f\ddot{u}r \; 1{,}5 \leq x \leq 5{,}5 \\ 1 \; f\ddot{u}r \; x > 5{,}5 \end{cases}$$

b) $f(x) = \begin{cases} \frac{1}{4} \; f\ddot{u}r \; 1{,}5 \leq x \leq 5{,}5 \\ 0 \; sonst \end{cases}$

c)

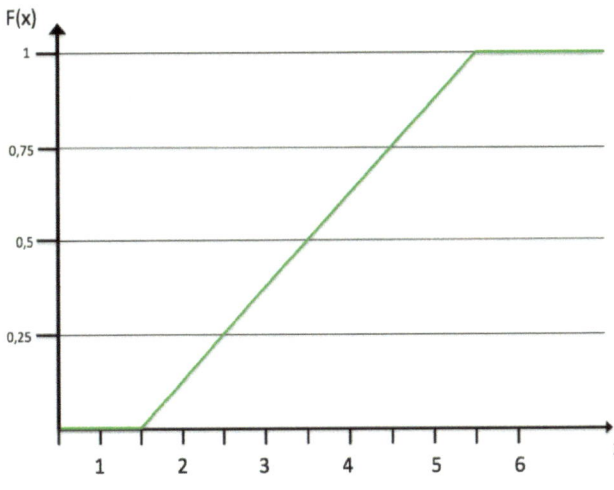

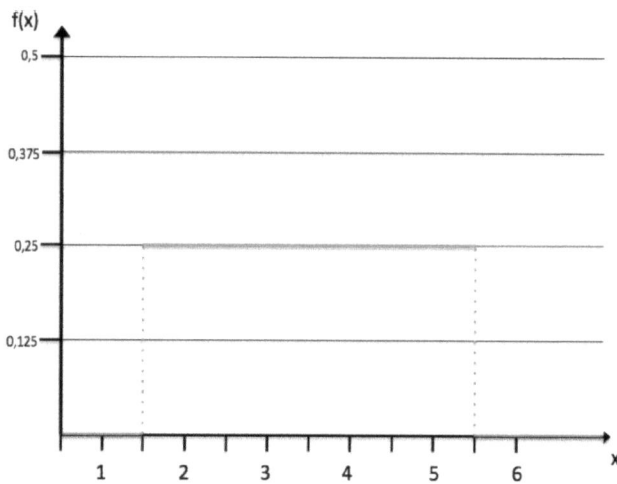

d) $E(X) = \frac{1,5+5,5}{2} = 3,5$

$Var(X) = \frac{(5,5-1,5)^2}{12} = 1,33$

4. Lösung - Bestrafungsmaßnahmen — (Thema: diskrete Gleichverteilung)

a) $W_X = \{1,2,3,4\}$

b) $P(k) = \frac{1}{4}$

c) $E(X) = \frac{4+1}{2} = 2,5$

   $Var(X) = \frac{4^2-1}{12} = 1,25$

d) $P(2) = \frac{1}{4}$

5. Lösung – Verzweifelte Zauberer – (Thema: Gleichverteilung)

a)

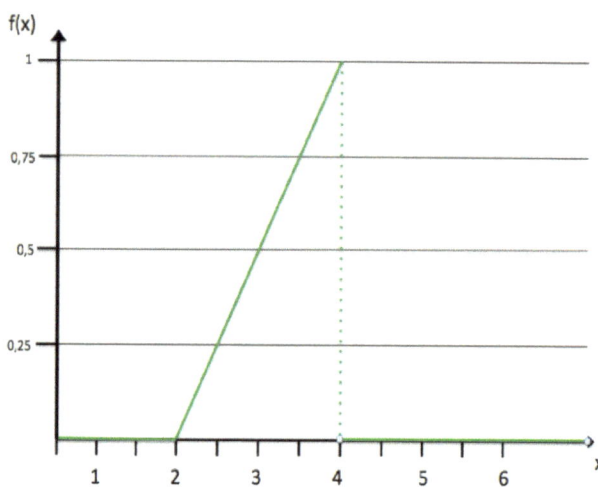

b)

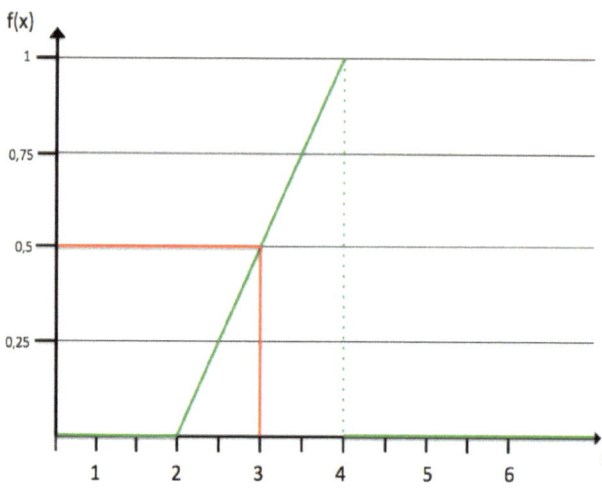

c) Lösung ergibt sich, indem man von der Zahl 3 eine Linie hochzieht, bis man die Funktion trifft. Von dort aus geht man dann waagerecht nach links zur y-Achse und man stößt auf 0,5. Nun braucht man allerdings noch die Fläche unterhalb des Graphen und da dies ein Dreieck ist rechnet man die Fläche des Quadrates aus (1 · 0,5) was 0,5 ergibt. Diese muss man nur noch durch 2 teilen, da nur die Fläche unterhalb der Geraden benötigt wird.

$$P(x \leq 3) = 0,5 \cdot \frac{1}{2} = 0,25$$

6. Lösung – Geschmackserlebnis (Thema: Hypergeometrische Verteilung)

Hierbei handelt es sich um eine Hypergeometrische Verteilung da eine Bohne, nachdem sie von Ron verspeist wurde, nicht nochmal aus der Verpackung gezogen werden kann. Also: ohne Zurücklegen.

Vanillepudding – 10 = M
Kokosnuss – 5 = M
Erbrochenes – 10 = M

a) N = 25
   n = 5
   M = 10
   k = 4

$$P(4) = \frac{\binom{10}{4} \cdot \binom{25-10}{5-4}}{\binom{25}{5}} = 0{,}0593$$

b) $P = \frac{15}{25} \cdot \frac{14}{24} \cdot \frac{13}{23} \cdot \frac{12}{22} \cdot \frac{10}{21} = 0{,}0514 \rightarrow 5{,}14\%$

c) N = 25
   n = 5
   M = 10
   k = 0,1,2

$$P(0) = \frac{\binom{10}{0} \cdot \binom{25-10}{5-0}}{\binom{25}{5}} = 0{,}0565$$

$P(1) = 0{,}2569$
$P(2) = 0{,}3854$

$P(x \leq 2) = 0{,}6988 \rightarrow 69{,}88\%$

d) $p = \frac{M}{N} = \frac{10}{25} = 0{,}4$

$E(X) = 2 \cdot 0{,}4 = 0{,}8$

$$Var(X) = \frac{25 - 2}{25 - 1} \cdot 2 \cdot 0{,}4 \cdot (1 - 0{,}4) = 0{,}46$$

7. Lösung – Spendable Weasley's (Thema: Binomialverteilung)

Hierbei handelt es sich um eine Binomialverteilung da ein Accessoire, nachdem es gezogen wird, direkt wieder von den Kobolden in die Urne gelegt wird. Somit verändert sich die Wahrscheinlichkeit für das Ziehen nicht, da die Mengenverhältnisse immer gleich bleiben. Also: mit Zurücklegen.

a) $n = 10$

$p = \frac{45}{135} = 0,33$

$k = 8$

$P(8) = \binom{10}{8} \cdot 0,33^8 \cdot (1 - 0,33)^{10-8} = 0,003048 \rightarrow 0,3048\%$

b) → Geometrische Verteilung („bis ein Ereignis erstmalig eintritt")

$p = \frac{90}{135} = 0,66$

$k = 4$

$P(4) = 0,66 \cdot (1 - 0,66)^{4-1} = 0,0247 \rightarrow 2,47\%$

c) $n = 5$

$p = \frac{45}{135} = 0,33$

$k = 3,4,5$

$P(3) = \binom{5}{3} \cdot 0,33^3 \cdot (1 - 0,33)^{5-3} = 0,1646$

$P(4) = 0,0412$

$P(5) = 0,00412$

$P(x \geq 3) = 0,2099 \rightarrow 20,99\%$

8. Lösung – Eulenboten (Thema: Poisson–Verteilung)

Hierbei handelt es sich um eine Poisson-Verteilung, da man einen Erwartungswert gegeben hat. Die Zeitangaben bei dieser Verteilung kommen in der Formel nicht zum Tragen.

a) $\lambda = 7$
$k = 5$

$$P(5) = \frac{7^5}{5!} \cdot e^{-7} = 0,1277 \rightarrow 12,77\%$$

b) Die Aufgabe eine Wahrscheinlichkeit mit der Angabe „mindestens" zu lösen ist hier nicht so eindeutig, wie bei den anderen Wahrscheinlichkeitsverteilungen da man nicht weiß, wie viele Eulen denn maximal überhaupt ankommen können. Deshalb muss man die Gegenwahrscheinlichkeit von „mindestens 4 Eulen" ausrechnen (die da wäre „maximal 3 Eulen") und diese von 1/100% abziehen.

$P(0) = 0,000912$
$P(1) = 0,006383$
$P(2) = 0,02234$
$P(3) = 0,0521$

$P(x \leq 3) = 0,08176$

$P(x \geq 4) = 1 - P(x \leq 3) = 1 - 0,08176 = 0,9182 \rightarrow 91,82\%$

c) $\lambda = 7$
$k = 0,1,2,3$

$P(x \leq 3) = P(0) + P(1) + P(2) + P(3) = 0,08176 \rightarrow 8,176\%$

9. Lösung – Dicke Pflanzen (Thema: Normalverteilung)

a) Zeichnung der Glockenkurve mit Hilfe von den drei Achsen (x,z,%). Den Erwartungswert eintragen, sowie eine Standardabweichung nach links und nach rechts von dem Erwartungswert aus.

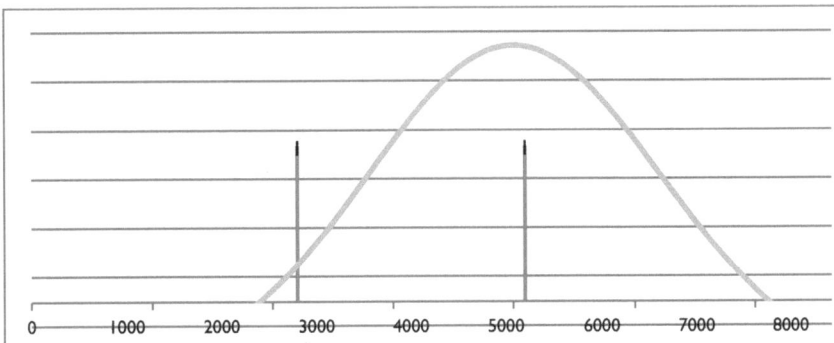

b) maximal 3 Kilogramm bedeutet $x \leq 3000$

$$z = \frac{3000 - 4000}{1200} = -0,833$$

$\% \rightarrow 0,7967$

→ da der z-Wert negativ ist, muss man den prozentualen Wert 0,7967 von 1 abziehen um den gewünschten Wert zu bekommen

$$P(x \leq 3000) = 1 - 0,7967 = 0,2033 \rightarrow 20,33\%$$

c) 90% bedeutet, dass 10% außerhalb des Intervalls liegen, diese teilen sich auf beide Seiten auf und so erhält man die prozentualen Grenzen von [0,05;0,95]. Die zugehörigen z-Werte sind $\pm 1,64485$.

$$-1,64485 = \frac{x - 4000}{1200}$$

$$x = 2026,18$$

$$1,64485 = \frac{x - 4000}{1200}$$

$x = 5973,82$

Das Intervall lautet $[2026,18;5974,82]$.

d) $z = \frac{3200-4000}{1200} = -0,66$

$\% \rightarrow 0,2546$

$z = \frac{4600-4000}{1200} = 0,5$

$\% \rightarrow 0,6915$

$P(3200 \le x \le 4600) = 0,6915 - 0,2546 = 0,4369 \rightarrow 43,69\%$

e) Zunächst in der Tabelle gucken, wo ein prozentualer Wert von 0,70 (70%) zu finden ist. Dies ist der Fall bei 0,52440. Da wir hier aber einen prozentualen Wert von weniger als 70% haben müssen wir ein Minus vor 0,53 setzen $\rightarrow z = -0,52440$

$-0,52440 = \frac{3000-4000}{\sigma}$

$\sigma = 1906,94$

Die Standardabweichung muss auf 1906,94 Gramm verändert werden und darf diesen Wert nicht überschreiten.

10. Lösung – Naturtalente? (Thema: Konfidenzintervall des Anteils)

a) $n = 40$

$$r_n = \frac{12}{40} = 0,3$$

$$\alpha = 0,08$$

Voraussetzung: $n \geq 30$ ist erfüllt, da $n = 40$

$$\left[0,3 - 1,7507 \cdot \sqrt{\frac{0,3 \cdot (1 - 0,3)}{40}} \; ; \; 0,3 + 1,7507 \cdot \sqrt{\frac{0,3 \cdot (1 - 0,3)}{40}} \right]$$

$$[0,1731 \, ; 0,4269]$$

b) $[0,26 \, ; 0,34]$

$$0,26 = 0,3 - 1,7507 \cdot \sqrt{\frac{0,3 \cdot (1 - 0,3)}{n}}$$

$$n = 402,27$$

Die Stichprobe müsste auf eine Größe von 403 Schüler verändert werden, damit man das gewünscht Konfidenzintervall von $[0,26 \, ; 0,34]$ erreicht.

c) Ein Konfidenzintervall des Anteils hat die Aussage, dass man darauf vertrauen kann, dass sich der Wert einer Zufallsvariable in der Grundgesamtheit, welche der repräsentativen Stichprobe zu Grunde lag, in dem ermittelten Intervall befindet. Wie hoch die Wahrscheinlichkeit ist, dass eine Variable tatsächlich in dem Intervall liegt, bestimmt die Irrtumswahrscheinlichkeit bzw. das Konfidenzniveau.

11. Lösung — Flinke Sucher (Thema: Konfidenzintervall des Erwartungswertes)

a) Stichprobe: Grundgesamtheit:
   $n = 22$ $\sigma = -$
   $\bar{x} = 36$
   $s = 6,5$

   $\alpha = 1 - 0,8 = 0,2$

   → Konfidenzintervall des Erwartungswertes bei unbekannter Varianz
   → t-Verteilung, da n<30 ist.

   $t_{21;0,9} = 1,323$

   $$\left[36 - 1,323 \cdot \frac{6,5}{\sqrt{22}} \; ; \; 36 + 1,323 \cdot \frac{6,5}{\sqrt{22}} \right]$$

   [34,17;37,83]

b) $t_{21;0,95} = 1,721$

   $$\left[36 - 1,721 \cdot \frac{6,5}{\sqrt{22}} \; ; \; 36 + 1,721 \cdot \frac{6,5}{\sqrt{22}} \right]$$

   [33,62;38,38]

c) Die Irrtumswahrscheinlichkeit von 10% sagt aus, dass auch mal ein Wert in der Grundgesamtheit außerhalb dieses Intervalls liegen kann (deshalb: Irrtum)

d) Das Konfidenzniveau von 90% sagt aus, dass man darauf vertrauen kann, dass 90% der Werte in der Grundgesamtheit in dem ermittelten Intervall liegen. Die restlichen 10% können auch mal außerhalb liegen, weshalb dies die Irrtumswahrscheinlichkeit (siehe c)) darstellt.

12. Lösung – Da hilft auch die Zauberei nicht (Thema: Konfidenzintervall des Erwartungswertes)

a) Stichprobe: Grundgesamtheit:
   $n = 98$ $\sigma = 3{,}8$
   $\bar{x} = 4$
   $s = 1{,}5$

$\alpha = 0{,}05$

→ Konfidenzintervall des Erwartungswertes bei bekannter Varianz.
→ Normalverteilung

$$\left[4 - 1{,}95996 \cdot \frac{3{,}8}{\sqrt{98}} \ ; \ 4 + 1{,}95996 \cdot \frac{3{,}8}{\sqrt{98}} \right]$$

$[3{,}248 ; 4{,}752]$

b) $[3{,}5 ; 4{,}5]$

$$4{,}5 = 4 + 1{,}95996 \cdot \frac{3{,}8}{\sqrt{n}}$$

$n = 221{,}88$

Die Stichprobenlänge müsste 222 Personen enthalten, damit man das gewünschte Konfidenzintervall von $[3{,}5 ; 4{,}5]$ erreicht.

13. Lösung – Unentschlossene Schüler (Thema: Erwartungswerttest)

a)

1. **Hypothesen formulieren**

$H_0: \mu \leq 6,78$

$H_1: \mu > 6,78$

2. **Teststatistik**

Voraussetzung:

X ist normalverteilt → $erfüllt$

Stichprobe:	Grundgesamtheit:
$n = 173$	$\mu = 6,78$
$\bar{x} = 8,3$	$\sigma = -$
$s = 1,65$	

$\alpha = 0,04 \; ; einseitig(rechts)$

→Test des Erwartungswertes bei unbekannter Varianz
→Normalverteilung möglich, da n>30

3. **Kritischer Wert**

$z_c = 1,7507$

4. **Testgröße**

$$z_{ber} = \frac{8,3 - 6,78}{1,65} \cdot \sqrt{173} = 12,12$$

5. **Entscheidung**

$z_c < z_{ber}$

$1,7507 < 12,12$

→ H_0 ablehnen, H_1 annehmen. Die Zauberer brauchten in diesem Schuljahr signifikant länger um sich den richtigen Zauberstab auszusuchen.

14. Lösung – Betrüger? (Thema: Anteilstest)

a)

1. Hypothesen formulieren

$H_0: p_0 = 0,95$

$H_1: p_0 \neq 0,95$

2. Teststatistik

Voraussetzung:

$200 \cdot 0,95 \cdot (1 - 0,95) = 9,5 > 9 \rightarrow erf\ddot{u}llt$

Stichprobe: Grundgesamtheit:

$n = 200$ $p_0 = 0,95$

$r_n = \frac{184}{200} = 0,92$

$\alpha = 0,04 \; ; zweiseitig$

$\rightarrow$ Normalverteilung

3. Kritischer Wert

$z_c = \pm 2,0538$

4. Testgröße

$$z_{ber} = \frac{0,92 - 0,95}{\sqrt{0,95 \cdot (1 - 0,95)}} \cdot \sqrt{200} = -1,947$$

5. Entscheidung

$z_c < z_{ber}$

$-2,0538 < -1,947$

$\rightarrow$ H_0 nicht ablehnen, H_1 ablehnen. Die Angabe auf der Packung des Liebestrankes entspricht der Wahrheit.

15. Lösung – Da hilft auch die Zauberei nicht 2 (Thema: Anpassungstest)

a)

1. Hypothesen formulieren

H_0: die vermutete Verteilung der Verletzungen passt zu einer diskreten Gleichverteilung

H_1: die vermutete Verteilung der Verletzungen passt nicht zu einer diskreten Gleichverteilung

2. Teststatistik

Voraussetzungen:

$n \cdot p_i \geq 1 \rightarrow erfüllt$

$n \cdot p_i \geq 5 \; für \; mindestens \; 80\% \; der \; p_i \rightarrow erfüllt$

Monat	März	April	Mai	Juni	Juli	Σ
Anzahl der Verletzten	54	43	49	62	57	n=265
Wahrscheinlichkeit (diskrete Gleichverteilung)	0,2	0,2	0,2	0,2	0,2	1

$n = 265$

$\alpha = 0{,}05 \; ; einseitig \, (rechts)$

$\rightarrow \chi^2$-Verteilung

Freiheitsgrad $= (r - 1) = (Spalten - 1) = (5 - 1) = 4$

3. Kritischer Wert

$\chi^2{}_c = 9{,}488$

4. Testgröße

$$\chi^2{}_{ber} = \frac{5}{265} \cdot (54^2 \cdot 43^2 \cdot 49^2 \cdot 62^2 \cdot 57^2) - 265 = 4{,}0377$$

5. Entscheidung

$\chi^2{}_c > \chi^2{}_{ber}$

$9{,}488 > 4{,}0377$

$\rightarrow H_0$ nicht ablehnen, H_1 ablehnen. Die vermutete Verteilung der Verletzungen passt zu einer diskreten Gleichverteilung.

16. Lösung – Parselmund (Thema: Unabhängigkeitstest)

a)

1. Hypothesen formulieren

H_0: die Merkmale „nach Slytherin geschickt werden" und „Parsel sprechen" sind unabhängig

H_1: die Merkmale „nach Slytherin geschickt werden" und „Parsel sprechen" sind nicht unabhängig

2. Teststatistik

Voraussetzungen:

$n > 200 \rightarrow erfüllt$

$h_{jk} \geq 5 \rightarrow erfüllt$

	Parsel	kein Parsel	Σ
nach Slytherin geschickt	18	382	400
nicht nach Slytherin geschickt	5	1616	1621
Σ	23	1998	n=2021

$n = 2021$

$\alpha = 0,001 ; einseitig(rechts)$

$\rightarrow \chi^2$-Verteilung

Freiheitsgrad $= (Spalten - 1) \cdot (Zeilen - 1) = (2 - 1) \cdot (2 - 1) = 1$

$\rightarrow$ FG beim Unabhängigkeitstest ist <u>immer</u> 1

3. Kritischer Wert

$\chi^2_c = 10,828$

4. Testgröße

$$\chi^2_{ber} = \frac{2021 \cdot (18 \cdot 1616 - 5 \cdot 382)^2}{23 \cdot 1998 \cdot 1621 \cdot 400} = 50,10$$

5. **Entscheidung**

$$\chi^2_c < \chi^2_{ber}$$

$$10{,}828 < 50{,}10$$

→ H_0 ablehnen, H_1 annehmen. Die Merkmale „nach Syltherin geschickt werden" und „Parsel sprechen" sind signifikant abhängig.